JACOB STURM.

REDE

GEHALTEN BEI ÜBERNAHME DES RECTORATS DER UNIVERSITÄT STRASSBURG AM 1. MAI 1876.

VON

HERMANN BAUMGARTEN.

STRASSBURG.
KARL J. TRÜBNER

LONDON.
TRÜBNER & COMP
1876.

Buchdruckerei von G. Otto in Darmstadt.

Wenn diejenigen Männer, welche vor mir von dieser Stelle aus gesprochen haben, mit charakteristischer Vorliebe der Vergangenheit dieser Stadt oder dieses Landes ihre Aufmerksamkeit zugewendet und so die Festtage unserer jungen Universität in Ehrentage alten Ruhms verwandelt haben, so wäre es wohl seltsam, wenn der Historiker einen anderen Weg einschlüge. Denn vor Allen liegt es ja doch ihm nahe an einer so ehrwürdigen Stätte deutscher Bildung und Kunst, deutschen Bürgersinns und deutscher Gelehrsamkeit dem Wechsel der Jahrhunderte, wie er sich gerade in den Schicksalen dieser Stadt abspiegelt, nachzusinnen, Schicksalen, welche ihrerseits in eigenthümlicher Weise das grosse Auf- und Absteigen unseres nationalen Lebens reflectiren. Es ist wahrlich nicht Zufall oder Laune, wenn Strassburg den Deutschen bis in den fernsten Norden und Osten ein Interesse erweckt wie vielleicht keine andere Stadt. Ist es doch recht eigentlich die deutsche Schicksalsstadt. Wenn das deutsche Wesen sich in gesunder Kraft hebt, so versteht es sich in alten Zeiten von selbst, dass Strassburg in der Reihe der deutschen Städte seinen Platz mit Ehren einnimmt; sinkt es, so wird Strassburg unwiderstehlich in fremde Kreise gezogen. Der Verfall deutscher Macht und Ordnung im fünfzehnten Jahrhundert treibt Strassburg von selbst in die burgundisch-schweizerischen Beziehungen hinein. Wimpfeling wusste wohl, weshalb er im Beginn des sechszehnten Jahrhunderts seine Landsleute so nachdrücklich an ihre deutsche Art erinnerte.[1] Denn wenn die Dinge fortgingen, wie sie seit fünfzig Jahren begonnen hatten, Deutschland sich ganz in seiner Reichsanarchie verlor, Frankreich von klugen oder glücklichen Königen auf der Bahn der neuen Politik zu

Macht und Ansehen geführt wurde, so musste früher oder später Strassburg dem Beispiel seiner Schweizer Nachbarn folgen, oder vielmehr noch ganz anders als diese in französische Hand kommen.

Da wurde diese Wendung noch einmal auf anderthalb Jahrhunderte fern gehalten, nicht durch einen neuen Aufschwung deutscher Macht, sondern durch jene That des deutschen Geistes und Gewissens, welche mitten in steigender politischer Verwirrung und Auflösung Deutschland für eine Generation zum Mittelpunkte der menschlichen Entwickelung machte. Diese That führte Strassburg zu einer innigeren Theilnahme an den deutschen Dingen, als es je zuvor bewiesen oder empfunden hatte, und zu einer ansehnlicheren Stellung, als es je vorher oder nachher eingenommen hat. Mit dem Jahre 1526 beginnt die merkwürdige Epoche der Strassburgischen Geschichte, in welcher diese Stadt weit über die natürlichen Verhältnisse hinaus auf den Gang der grössten Zeitfrage eingewirkt hat und ein eigenthümlicher Mittelpunkt für die protestantische Welt nicht nur Deutschlands, sondern Europa's gewesen ist. In dieser Zeit kann man von einer Politik Strassburgs reden. Hie und da ist es, als besitze diese Stadt das Gewicht einer selbständigen Macht. Wenn die deutschen Protestanten Gesandte nach Frankreich oder England zu senden haben, so werden dieselben eine Weile vorzugsweise aus Strassburg genommen. Denn hier findet man die Männer, welche mit den Verhältnissen des westlichen Europa am besten vertraut sind, welche überhaupt politische Beobachtung, politischen Verkehr mit besonderer Sorgfalt pflegen. Strassburg ist gewissermassen das politische Observatorium des deutschen Protestantismus. Hier, wo französische, niederländische, englische, dann auch italienische und spanische Flüchtlinge zusammen strömen, bildet sich von selbst ein Mittelpunkt guter politischer Information. Namentlich über Frankreich ist man hier so gut unterrichtet wie kaum irgendwo in Deutschland. Besonders seit Johann Sturm die Leitung des Gymnasiums übernommen hat, ist die Verbindung zwischen Strassburg und der dem Protestantismus zuneigenden Seite der französischen Politik längere Zeit eine recht intime.

Wie für ein Volk so ist es auch für eine Stadt ein Grosses, in den Dingen, welche die Welt bewegen, etwas zu bedeuten. Den Vortheil des Hervorragens hat Strassburg damals im vollsten Masse erfahren. Es brachte ihm nicht nur Ansehen und Einfluss, es veredelte und hob seine ganze Existenz, seine gesammte Bevölkerung. Freilich war ihm auch das seltene Glück vergönnt, dass der beste Sinn der Zeit unter seiner Bürgerschaft einen Vertreter gefunden hatte, welcher Allen gewissermassen leibhaftig vorführte, was denn das Ziel all dieses Ringens sei, den man fast eine ideale Verkörperung der Bildung jener Zeit nennen möchte. Ich meine natürlich Jacob Sturm.

Fast fürchte ich anmassend zu erscheinen, wenn ich es unternehme von diesem vielgepriesenen und allbekannten Manne, von diesem besten Bürger Strassburgs zu Ihnen zu reden. Denn (dieser Gedanke drängt sich von selbst auf), was kann Jemand, der kurze vier Jahre hier geweilt, dem hinzufügen wollen, was so viele Berufenere vor ihm über den Stolz Strassburgs gesagt oder geschrieben haben? In der That, wenn man weiss, mit wie rühmlicher Pietät die späteren Geschlechter dieser Stadt das Andenken jener grossen Tage des sechzehnten Jahrhunderts und der in ihnen thätigen Männer gepflegt haben, wie emsig namentlich auch während der letzten fünfzig Jahre in der Geschichte Strassburgs zur Reformationszeit geforscht worden ist, so dass wohl kaum eine deutsche Stadt in dieser Hinsicht Strassburg den Ehrenplatz streitig machen dürfte, so ist die Erwartung ja eine ganz natürliche, dass nicht nur die Reformatoren und Gelehrten, sondern auch die Staatsmänner jener merkwürdigen Epoche, gewiss wenigstens Jacob Sturm, längst seinen Biographen gefunden habe. Das ist jedoch keineswegs der Fall. Wir besitzen von Jakob Sturm einige biographische Skizzen, einige kurz gefasste, zum Theil vortreffliche Charakteristiken,[2] aber auch nicht einmal den Versuch einer eingehenderen Darstellung, wie sie Butzer, Capito, Johann Sturm und Andere längst erfahren haben. Und vor Allem ist diejenige Seite seiner Thätigkeit, welche doch die bedeutendste, für Strassburg und Deutschland wichtigste war seine Theilnahme an der schweren Arbeit des deutschen Protestantismus, dem mächtigsten Kaiser vieler Jahrhunderte und der mit ihm verbündeten römischen Welt gegenüber sich in den Reichsordnungen einen anerkannten Platz zu erringen, bisher am wenigsten beachtet worden.

Der Grund davon liegt nicht etwa, wie man meinen könnte, nur darin, dass bisher überhaupt die politische Seite der damaligen grossen Bewegung von unserer Forschung wie von der Ueberlieferung selbst ungebührlich vernachlässigt worden ist, auch nicht darin, dass es unbehagliche Gefühle erwecken konnte das Leben eines Mannes zu schildern, dessen ruhmreiche Thätigkeit den schlagenden Beweis liefert, dass eine fruchtbare Theilnahme Strassburgs an den Weltgeschicken nur in seiner natürlichen Verbindung mit Deutschland gedacht werden kann. Vielmehr treten demjenigen, welcher von Jacob Sturms politischer Thätigkeit gern noch etwas mehr wissen möchte, als das grosse aber etwas vage Lob, welches ihm seit mehr als dreihundert Jahren von Jedem gespendet worden ist, der seinen Namen nannte, eigenthümliche Schwierigkeiten entgegen. Achtundzwanzig Jahre lang ist dieser Mann mit den allgemeinen Angelegenheiten des deutschen Reichs sowohl, wie mit den besonderen Schicksalen des deutschen Protestantismus aufs innigste verknüpft gewesen; wir finden seinen Namen unter einer beträchtlichen Reihe von Acten, welche zu den bedeutsamsten jener Zeit gehören; wir sehen ihn in vertraulicher Correspondenz mit Zwingli, mit dem Landgrafen von Hessen, dem eigentlichen politischen Haupt des deutschen Protestantismus, dann auch mit dem Manne, welchem er die schöne Aufgabe schuf, die Geschichte dieser unvergleichlichen Zeit zu schreiben, mit Sleidan. Sollte man es für möglich halten, dass sich die Persönlichkeit eines mit den wichtigsten Ereignissen und Personen so fest verwachsenen Mannes grade in Bezug auf diese Ereignisse der eindringenden Betrachtung in der Art entzieht, dass die individuellen Züge nur hie und da ein wenig bestimmter hervortreten? Ich weiss nicht, ob es wieder vorkommt, dass ein Mann, welcher zu dem Geschichtsschreiber seiner Zeit so steht wie Jacob Sturm zu Sleidan stand, in dieser Geschichte mit seiner

Persönlichkeit so absolut zurück tritt, dass man von ihr fast nichts erfährt, als dass sie eine sehr bedeutende, höchst verdiente gewesen sei. Wir wissen aus zahlreichen Briefen und einigen Gedichten, dass Sleidan zu Jacob Sturm mit der innigsten Verehrung empor blickte und dass ihm die grösste Angelegenheit seiner Zeit an die treue Kraft Sturms unzertrennlich gebunden schien: dennoch verzichtete er vollständig darauf, diesem so verehrten und historisch so bedeutenden Manne in seinem Geschichtswerke ein etwas beredteres Denkmal zu setzen.[3] Als Johann Sturm nach dem Tode des unvergleichlichen Mannes seine Trostschrift an den Rath von Strassburg richtete, bekannte er, sehr oft habe er sich vorgenommen den Gestorbenen öffentlich zu verherrlichen, es aber jedes Mal unterlassen aus Scheu seine ausserordentliche Bescheidenheit zu verletzen; freilich habe er ein Schmeichler scheinen müssen, wenn er die Wahrheit gesagt.

Wenn so die ihm zunächst stehenden Freunde es seiner merkwürdig selbstlosen Art schuldig zu sein glaubten von ihm zu schweigen, so hat er selbst uns mit eigenthümlicher Hartnäckigkeit das Material vorenthalten, mit dessen Hülfe wir einen tieferen Blick in sein staatsmännisches Wesen thun könnten. Allerdings ist von seiner mehr privaten Correspondenz nur sehr wenig auf uns gekommen.[4] Aber die Berichte, welche er von seinen zahlreichen Gesandtschaften an Rath oder Dreizehn dieser Stadt gerichtet, seine politische Correspondenz mit dem Landgrafen, seine Bedenken und Gutachten sind uns doch in ziemlich beträchtlicher Menge erhalten: wo es überhaupt möglich ist, tritt auch hier, besonders in den ersten Jahrzehnten, seine Persönlichkeit ganz zurück. Von der grossen und schweren Krisis, welche er im Sommer 1530 auf dem Reichstage in Augsburg durchzumachen hatte, meldet Capito seinen Strassburger Brüdern,[5] wenn sie Sturm hörten, wie er unermüdlich die Sache der Wahrheit vertheidige, so würden sie dem Wort eines hervorragenden Mannes zustimmen, es rede etwas übermenschliches aus ihm. Wenn wir nun in die ziemlich vollständig erhaltenen Berichte Sturms über diesen Abschnitt des Augsburger Reichstags[6] blicken, so entdecken wir darin auch nicht die leiseste Andeutung einer so hervorragenden Thätigkeit. Aehnlich geht es mit den früheren Speierer Reichstagen. Wir hören von anderer Seite, dass Sturm dabei einen sehr bedeutenden Einfluss geübt habe:[7] er selbst beobachtet darüber absolutes Schweigen. Unter diesen Umständen wird erst eine umfassende Durcharbeitung der politischen Detailgeschichte jener Zeit das Material für die wirkliche Biographie eines Mannes liefern können, welcher seinerseits zwar den höchsten Begriff von dem Werth des historischen Gedächtnisses hatte, aber in seiner unbedingten Hingebung an die grossen Aufgaben seiner Zeit sich selbst vollkommen vergass.

Wie Strassburg so ist auch Sturm aus längerem Stillleben durch die Macht der reformatorischen Bewegung zur Theilnahme an grösseren Dingen geführt worden. Er wird zu den Ersten in dieser Stadt gehört haben, welche sich dem neuen Bekenntniss aus voller Seele anschlossen. Denn schon im November 1524 klagt sein alter Lehrer Wimpfeling[8], er scheine ihm ganz und gar von Wiclefitischem Gift erfüllt. An der milden, schonenden und doch energischen Art, wie hier das kirchliche Wesen erneuert wurde, nahm er von Anfang an in ausgezeichneter Weise Theil. Nachdem er 1525 der Verordnete Strassburgs im Reichsregiment gewesen war und in dieser Stellung nach Kräften versucht hatte, die Wuth des Bauernkriegs zu mildern, ernannte ihn der Rath im folgenden Jahre zu seinem Boten auf dem wichtigen Speierer Reichstage, welcher bekanntlich durch seine Beschlüsse der Neuerung legalen Boden schuf. Hier zum ersten Male nahmen die Städte eine bedeutsame Stellung in der grossen Zeitfrage. Gleich hier muss sich Sturm unter den städtischen Abgesandten nicht nur durch Beredtsamkeit, sondern auch durch politische Klugheit und Gewandtheit hervor gethan haben. Denn als der Reichstag auf Antrag der Städte eine Gesandtschaft an den Kaiser nach Spanien zu senden beschloss, wurde Sturm zum Mitglied derselben ernannt und erst später durch einen Cölner ersetzt.[9] Mit diesem Tage von Speier war über die nächste Zukunft von Strassburg, über das Leben Sturms entschieden. Wir werden sagen dürfen, Sturm hat gleich hier für Strassburg eine hervorragende Stelle in der grossen Zeitbewegung erobert. Während in der Stadt selbst die Reformation sich noch in bescheidenen Grenzen hält, treten die Boten Strassburgs auf dem Reichstage mit voller Energie für die Bewegung ein und knüpfen bereits neben Nürnberg, Augsburg und Ulm die ersten Beziehungen mit Sachsen und Hessen an, so den Grund zum Bündniss der deutschen Protestanten legend.

„Wir Jacob Sturm, der Meister und der Rath zu Strassburg thun kundt", so beginnt die Verordnung vom 27. Juli 1527 gegen die Wiedertäufer, welche auch in Strassburg die kirchliche Bewegung trübten und hemmten. Zwei Monate vorher finden wir den „Stettmeister" Jacob Sturm abermals als Vertreter Strassburgs auf dem Reichstage in Regensburg,[10] welcher bekanntlich zu keiner nennenswerthen Thätigkeit kam. Für den nächsten Frühling wurde ein Reichstag nach demselben Regensburg ausgeschrieben. Vermuthlich hatte Sturm auch hier seine Stadt zu vertreten. Die für diesen Tag vom Strassburger Rath aufgesetzte Instruction führt eine merkwürdig entschiedene Sprache. „Des Glaubens halb, heisst es darin, sollen die Gesandten in nichts bewilligen, so dem Wort Gottes zuwider ist, sondern daneben allen möglichen Fleiss aufwenden, was mit dem göttlichen Wort im Einklang aufzurichten, was ihm zuwider abzustellen. So aber dem entgegen etwas beschlossen werden wollte, so sollen die Gesandten mit den andern Anhängern des Evangeliums dawider protestiren und andere fügliche Mittel zur Abwendung desselben vornehmen."[11] Sie sehen, ein Jahr, ehe es wirklich zum Protest kam, war Strassburg bereits dazu entschlossen. Wie tapfer und klug dann Strassburg und sein Vertreter Sturm bei den wichtigen Entscheidungen des Speierer Reichstags vom Jahre 1529 mitwirkten, brauche ich hier nicht auszuführen; es ist durch die sorgfältige Arbeit des verdienten Jung längst in die Geschichte Strassburgs und der Entstehung des deutschen Protestantismus eingetragen.

Mit dem Speierer Protest war der längst drohende Bruch zwischen den Evangelischen und dem mächtigen Kaiser offen erklärt in demselben Augenblicke, wo dieser Kaiser durch den Friedensschluss mit Frankreich und die Aussöhnung mit dem Papst freie Hand erhielt, alle seine Kräfte auf Deutschland zu concentriren. Je lebhafter man sich alle Verhältnisse der damaligen Weltlage vergegenwärtigt, um so mehr muss man die Kühnheit der Männer und Gemeinden bewundern, welche einen solchen Schritt wagten. Unter allen aber, die ihn thaten, wagte Niemand mehr als Strassburg. Denn weithin stand es allein in einer feindseligen Welt, und was seine Lage besonders verschlimmerte, von den eigenen Genossen im Reich wurde es getrennt durch den unseligen Zwist in der Abendmahlslehre. Für Strassburg verstand es sich in jeder Beziehung von selbst, dass es sich in dem Streit Luthers mit Zwingli für den Schweizer erklärte.[12] Damit aber war die von ihm in Speier genommene Position unhaltbar. Denn die lutherischen Theologen lehnten, von ihren principiellen Bedenken gegen jede politische Action überhaupt abgesehn, eine Verbindung mit Anhängern Zwingli's auf das schroffste ab. Daraus erwuchs für Strassburg die Nothwendigkeit mit aller Energie auf die Ausgleichung des dogmatischen Gegensatzes innerhalb der grossen protestantischen Gemeinschaft hinzuwirken. Es war das für Strassburg ein handgreifliches Gebot der Selbsterhaltung. Gelang es nicht, die lutherische Ausschliesslichkeit zu mildern, so konnte sich Strassburg unmöglich behaupten. So konnte aber auch der Protestantismus sich nicht behaupten. Die kirchliche Politik, welche Strassburg seit dem Sommer 1529 mit unermüdlichem Eifer verfolgte, hat nicht allein dieser Stadt, sie hat dem ganzen protestantischen Deutschland den reichsten Segen gebracht, und der weltliche Träger dieser Politik war neben dem Landgrafen von Hessen Jacob Sturm mit derselben Umsicht, derselben rastlosen Thätigkeit, wie Martin Butzer ihr geistlicher Vorkämpfer.

Ich möchte sagen, Sturm war für diese wichtige und schwierige Aufgabe wie geschaffen. Denn die Natur hatte diesem glücklichen Kinde eines alten Geschlechts alle die Gaben verliehen, welche Menschen gewinnen, und die sorgfältigste Erziehung, der auffallend früh vertraute Verkehr mit bedeutenden Männern hatte diese Gaben zu reicher und schöner Kraft entwickelt. Die Schule des Humanismus hatte seinem Geiste das helle Licht der antiken Bildung entzündet und die Sittenstrenge und religiöse Innigkeit von Männern wie Geiler von Kaisersberg und Wimpfeling hatte seine reine Seele auch nicht einen Hauch irgend welcher Frivolität trüben lassen. Wenn ich versuche, mir die geistige Individualität Sturms in ihrem gesammten Wesen zu vergegenwärtigen, so erscheint er mir als einer der Wenigen, welche die Hauptströmungen jener merkwürdigen Zeit, wie sie vor allem Deutschland bewegten, in sich ausglichen. Er ist ein Bild der humanistischen Bildung aus den frohen und heiteren Tagen der Renaissance. Er ist aber auch ein Bild des religiösen Ernstes, der freudig sein Alles dahin gibt für das, was ihm allein von wahrem Werth scheint. Heller, klarer Weltverstand leitet seine klugen und vorsichtigen Schritte; aber in seinem Gemüth glüht ein Feuer, das ihn im tiefsten Grunde doch vollkommen unabhängig von aller Weisheit der Welt und ihren Erfolgen macht. Das reine Wort Gottes geht ihm über Alles, aber sich für die Interpretation dieses oder jenes Theologen zu erhitzen ist ihm völlig versagt. Das schöne Gleichgewicht seiner Natur und Bildung hält ihn überhaupt von jedem extremen Eifer fern. Jeglicher Fanatismus, der politische wie der kirchliche, stösst ihn zurück. Mit voller Ueberzeugung sein ganzes Leben lang für die Sache seines Glaubens, seiner Stadt thätig, durch keinen Misserfolg abgeschreckt, durch keine Niederlage entmuthigt weiss er doch nichts von der Parteiblindheit, welche auf ihrer Seite alles Recht, bei den Gegnern nur Unrecht sieht. Noch viel weniger von der persönlichen Gehässigkeit, welche die sachlichen Gegensätze unnöthig vergiftet. Vielmehr finden wir ihn zu den verschiedensten Zeiten, mitten in der Hitze des grössten Kampfes, mit den Gegnern auf leidlichem, oder gar vertraulichem Fuss. Noch in Speier begegnet er uns mit seinem alten Studiengenossen Eck in solchen Beziehungen.[13] In demselben Jahre 1529 vernehmen wir aus dem Munde des Erasmus ein so begeistertes Lob Sturms, dass wir es bei dem schroffen Widerspruch, in welchen der grosse Humanist damals bereits zu der ganzen evangelischen Bewegung gerathen war, kaum begreifen. Er nennt ihn den Edelsten unter den Edeln, durch Gelehrsamkeit, Aufrichtigkeit, Herzensreinheit, Klugheit. Nicht allein die berühmte Stadt Strassburg, sondern fast ganz Deutschland verdanke seinen Rathschlägen sehr viel.[14] Der unübertreffliche Meister der Sprache hat hier in wenigen Worten von dem ihm seit vielen Jahren theuren Manne die treffendste Charakteristik gegeben. Denn eben diese Verbindung von reichem vielseitigen Wissen, von reinem Gemüth und weltlicher Klugheit macht den Kern der Sturmschen Persönlichkeit aus. Wie Sturm so im Beginn des Kampfes keineswegs alle Beziehungen mit dem feindlichen Lager abbricht, so finden wir ihn fortwährend von den Räthen des Kaisers herangezogen, von eben denjenigen Männern, deren politische Pläne zu durchkreuzen er so eifrig arbeitete.[15]

Sie begreifen, dass alle diese Eigenschaften in ausgezeichnetem Masse die Bemühungen Sturms, den Conflict zwischen Wittenberg und Zürich auszugleichen, alle Protestanten zu einem festen Bunde zu vereinigen, unterstützen mussten. Nichtsdestoweniger näherte er sich seinem Ziele nur langsam. Wie oft musste er die selbstverständliche Wahrheit wiederholen, dass den Gegnern Alles daran liege, den Streit über das Abendmahl im protestantischen Lager zu nähren, den einen Theil desselben gegen den andern zu gewinnen, durch diese Spaltung nicht nur die Widerstandskraft der jungen Kirche im Reich zu untergraben, sondern namentlich auch ihre Ausbreitung über die deutschen Grenzen zu hindern![16] Sich dabei in die theologische Streitfrage selbst einzulassen vermied er sorgfältig, in jeder Weise bemüht den theologischen Eifer zu beschwichtigen, wo er auch der grossen Sache hinderlich zu werden drohte. Das beste Mittel die Wittenberger Abneigungen zu überwinden schien ihm, wenn das Leben und die Wirksamkeit Strassburgs thatsächlich die vorgefassten Meinungen von der Verderblichkeit der s. g. Sacramentirer und Schwärmer widerlegte, wenn das Gewicht der oberdeutschen Städte für die protestantische Seite wuchs, wenn namentlich Strassburg und er selbst den gemeinsamen Interessen mehr und mehr unentbehrlich wurde. Dieses Verhältniss begann aber bereits unmittelbar nach dem Eintritte Strassburgs in den Schmalkaldischen Bund zu wirken. Ob es sich um die Beziehungen zu den Schweizer Freunden, oder um Information über französische Angelegenheiten, oder um die Ausbreitung der neuen Lehre in den schwäbischen Reichsstädten handelte, überall sah man sich auf Strassburgs umsichtige und geschickte Thätigkeit angewiesen. Und wo immer irgend eine delicate Mission auszuführen war, auf Niemand konnte man sich unbedingter verlassen als auf Jacob Sturm, dessen Thätigkeit seiner Vorsicht, dessen Geschäfts- und Sachkenntniss der Wärme seiner Ueberzeugungen gleich kam. So tritt er uns gleich in den ersten Jahren des Schmalkaldischen Bundes gewissermassen als der allgemeine Vertrauensmann entgegen. Vor Allem ist er der Vertrauensmann der Städte. Dass diese überhaupt in den Reichsangelegenheiten noch einmal eine selbständige Bedeutung erlangten, wie seit 1526 der Fall war, muss gegenüber der allgemeinen politischen Entwickelung Europa's als Anachronismus erscheinen, wobei sich freilich von selbst versteht, dass die ganze deutsche Reichsordnung nichts anderes war. Für das damalige Deutschland lag aber in dieser bedeutenden Stellung der Reichsstädte ein reicher Segen. Denn nirgend gewannen die Kräfte und Richtungen, welche das deutsche Leben in jener Zeit bestimmten, eine reinere und gesundere Ausbildung als in diesen Städten. Die anderen Stände suchten jedoch den Reichsstädten ihre Geltung im politischen Organismus ebenso zu schmälern wie ihre Lasten zu mehren. Da war denn Sturm ein um so glücklicherer Vertreter des städtischen Interesses, als er dieses niemals einseitig ins Auge fasste und stets die Umstände geschickt zu benützen verstand. Wie die Dinge nicht nur im Reich, sondern in Europa lagen, wechselten die politischen Constellationen ausserordentlich schnell und stark. Eine sorgfältige Beobachtung derselben ergab die Möglichkeit, gewisse Zwecke in dem einen Augenblick mit grosser Leichtigkeit zu erreichen, welche in dem andern auf ernste Schwierigkeiten gestossen sein würden. In dieser politischen Praxis war Sturm ein

Meister. Möglichst zuverlässig von allen Verhältnissen unterrichtet, mit einem ebenso umfassenden historischen wie publicistischen Wissen ausgestattet, mit den massgebenden Persönlichkeiten der verschiedensten Kreise bekannt, wusste er manche Aufgabe fast unmerklich zu lösen, welche in weniger geschickter Hand gescheitert wäre. Mehr als einmal haben denn auch die Städte ihm sprechende Beweise ihrer Dankbarkeit oder ihres Vertrauens gegeben. In unserem Stadtarchiv hat sich das Concept eines Schreibens der Gesandten „der Erbaren Frey und Reychsstett des Rheynischen kreysses itzo zu Wormbs versamelt“ vom letzten Juli 1545 erhalten, worin sie Jacob Sturm anzeigen, sie hätten ihm zum Dank für die Treue, Mühe und Fleiss, womit er die allgemeinen Interessen der deutschen Reichsstädte, besonders aber die der rheinischen Städte vertreten, eine „Verehrung“ beschlossen und dieselbe zu Strassburg verfertigen lassen. Die Städte hatten dafür die unter den damaligen Verhältnissen beträchtliche Summe von 1000 Gulden zusammen gebracht, woran sich Strassburg und Metz mit je 150, Toul und Oberehnheim mit je 40 Gulden betheiligten [17]. Später, als die Niederlage des Schmalkaldischen Bundes in ihren politischen Folgen namentlich auch den Reichsstädten schwer empfindlich wurde und ihnen das Bedürfniss fühlbar machte das actenmässige Material zu sammeln, mit dem sie ihre alten Ansprüche vertheidigen könnten, beschlossen sie sich mit der Bitte an Jacob Sturm zu wenden, dass er sich dieser Mühe unterziehe, da Niemand mehr als er zu einer solchen Arbeit geeignet sei [18]. Wie merkwürdig in der That Sturms Kenntniss nicht nur von den wichtigeren Reichsgeschäften, sondern selbst von den entlegensten Territorialsachen war, davon hat uns der alte Pommer Sastrow [19] ein sprechendes Beispiel überliefert, hinzufügend, im ganzen Reiche habe sich Niemand an Erfahrung, Kenntnissen und hoher wahrhaftiger Weisheit mit diesem Manne vergleichen können, dessen Beredtsamkeit, dessen Gabe kurz und treffend den Kern der Dinge zu bezeichnen er ebenso hervorhebt. Selbst der Kaiser habe nicht umhin gekonnt trotz dem religiösen Gegensatz ihn in hochwichtigen Sachen zu gebrauchen.

Als endlich mit der Wittenberger Concordie von 1536 der Hader über das Abendmahl unter den Protestanten beschwichtigt war und die rasche Ausbreitung ihres Bekenntnisses über alle Theile des Reichs ihnen eine beträchtliche Macht verlieh, konnte die Frage entstehn, ob sie dieselbe nicht benützen sollten, um in einem günstigen Augenblicke den feindseligen Kaiser niederzuwerfen und ihr Recht im Reich ein für allemal festzustellen. Wie Karl V. zur religiösen Frage stand, darüber hat sich Jacob Sturm, soweit ich es zu übersehn vermag, niemals getäuscht, wie denn überhaupt die Freiheit von Illusionen über eigne und fremde Dinge zu seinen vornehmsten Eigenschaften gehörte. Hat er aber aus dieser richtigen Beurtheilung des Kaisers jene praktische Consequenz gezogen? Röhrich, dessen vortreffliche Geschichte der Reformation im Elsass bis auf den heutigen Tag das unentbehrliche Handbuch für Alle ist, welche sich mit dieser Periode der Landesgeschichte beschäftigen, meint, der Rath von Strassburg habe sich nie darüber getäuscht, „dass die grosse Glaubenssache doch zuletzt mit dem Schwert würde ausgekämpft werden müssen“ und deshalb darauf gedrungen, den unabwendbaren Krieg nicht bis auf die Zeit zu verschieben, wo derselbe dem Kaiser gelegen sein und er selbst ihn anfangen würde[20]. Ich bekenne kein Actenstück zu kennen, womit sich eine derartige Auffassung des Strassburger Rathes beweisen liesse. Was aber Jacob Sturm angeht, dessen Ansicht in diesen Dingen doch für den Rath so gut wie massgebend war, so habe ich nicht wenige Gründe zu vermuthen, dass er niemals den Krieg gegen den Kaiser empfohlen habe. Ich kenne allerdings bis jetzt nur ein einziges Schriftstück, worin er die Kriegsfrage direct und ausdrücklich erörtert. Es ist das ein für ihn überhaupt charakteristischer Brief an den Landgrafen vom 3. December 1538[21]. Der Landgraf hat an ihn die Frage gerichtet, ob man den drohenden Veranstaltungen der Gegner nicht zuvor kommen solle. Er gibt in seiner Antwort zu, dass man nicht länger Frieden haben werde als es dem Gegentheil passe, dass es sorglich und beschwerlich sei abzuwarten, wann derselbe eine schickliche Gelegenheit zum Angriff finde. Aber es scheint ihm nicht minder bedenklich den Krieg zu beginnen. „Denn, sagt er, gemeiniglich ist jeder Anfänger eines Kriegs um des dabei unvermeidlichen Schadens willen bei dem gemeinen Mann minder begünstigt, als der, welcher sich aus Noth zur Gegenwehr schickt. Nun ist aber nicht wenig an gemeiner Gunst, besonders in dieser Sache gelegen. Sodann sind wir auch gegen Gott und unser Gewissen nicht so sicher und getrost, wenn wir aus menschlicher Furcht oder Misstrauen den Krieg anfangen, als wenn wir gern zufrieden wären, aber durch den Angriff des Gegentheils zur Vertheidigung genöthigt werden". Er findet die Frage so schwierig, dass er in seinem geringen Verstande zu keinem Entschluss kommen kann. Die beiden Häupter des Bundes mögen sie mit ihren Räthen erwägen. Weiterhin betont er aber, wenn es je zum Kriege komme, werde es nur der Kirchengüter wegen sein; deshalb solle man in diesem Punkte mit der grössten Vorsicht verfahren, sich in keiner Weise ins Unrecht setzen, was man etwa über das Ziel hinaus gethan, gut machen, damit der Gegner keinen Vorwand zum Angriff erhalte. Diese weise Mahnung hat er so gut wie Butzer oft wiederholt. Er ist auch hier nicht der Ansicht, dass die eigne Partei ohne Fehl sei, dass alle Schuld am Gegner liege. Die eigne Sache sorgfältig von Allem frei zu halten, was dem Gegner eine Handhabe bieten könne, scheint ihm dringende Pflicht.

Noch charakteristischer trat Sturms Umsicht und Unbefangenheit in einem anderen wichtigen Moment hervor. Im Sommer 1542 hatten die Oberhauptleute des Schmalkaldischen Bundes, der Kurfürst von Sachsen und der Landgraf von Hessen, den Herzog Heinrich von Braunschweig, weil er die dem Bunde angehörige Stadt Goslar vergewaltigt, angegriffen, von Land und Leuten vertrieben und darauf das Herzogthum in Besitz genommen. Diese braunschweigische Sache, obwohl der Bund darin augenblicklich einen grossen Erfolg gewonnen, sollte später eine der Veranlassungen werden, welche den Kaiser in die Lage brachten, die Häupter des Bundes unter günstigen Verhältnissen anzugreifen. Strassburg erklärte sich unter Sturms Einfluss frühzeitig dafür, dass man diesen braunschweigischen Handel durch friedlichen Vergleich beilege. Die beiden Häupter des Bundes dagegen wollten den werthvollen Besitz festhalten und neigten, um den Kaiser darin sich willfährig zu machen, zu bedenklichen Concessionen. Die Sicherheit der deutschen Protestanten hatte bisher wesentlich darauf beruht, dass der Kaiser aus Rücksicht auf Frankreich nicht wohl wagen konnte einen grossen Krieg in Deutschland zu entzünden. Wenn auch die Protestanten auf Frankreich in keiner Weise sicher rechnen konnten, so war es doch ihre selbstverständliche Politik, diesen Gegensatz zwischen dem Kaiser und Frankreich kräftig zu erhalten, so zwischen den Beiden zu stehen, dass dieselben sich nicht die Hand reichen konnten. Nun aber nahm der von neuem zwischen dem Kaiser und Frankreich entbrannte Krieg eine solche Wendung, dass der Kaiser auf dem Speierer Reichstage des Jahres 1544 es unternehmen konnte die Hülfe des Reichs gegen Frankreich anzurufen. Es war eine Frage von entscheidender Bedeutung, ob die Protestanten darein willigten oder nicht. Strassburg und Jacob Sturm waren auf's entschiedenste dagegen; wenigstens sollten die Protestanten diesen ihr Verhältniss zu Frankreich erschütternden Schritt nicht thun, ehe ihnen der Friede im Reich mit allen Sicherheiten und für alle Fälle gewährt worden. Zu seinem lebhaften Kummer musste aber Jacob Sturm erleben, dass der Kurfürst von Sachsen und der Landgraf von Hessen auf den kaiserlichen Wunsch in höchst unbedachtsamer Weise eingingen und zwar, wie er meint, hauptsächlich, um sich dadurch den Kaiser in der braunschweigischen Sache geneigt zu machen. Erst nachdem sie sich so zu dem verhängnissvollen Schritt, der Theilnahme am Kriege gegen Frankreich, verpflichtet, suchten sie die nöthigen Garantien für ihre Glaubensgenossen zu erlangen, was ihnen natürlich nur unvollkommen gelang, umsomehr, als sie das Ende der Verhandlungen darüber gar nicht erwarteten, sondern im dringendsten Moment den Reichstag verliessen. „So geht es, schreibt Sturm in gerechtem Zorn, wenn man mit grosser Pracht auf die Tage kommt, bankettirt und halb müssig geht; danach, wenn der Säckel leer werden will, zieht man hinweg und lässt die

Sachen, daran alle Wolfart gelegen, stecken.“ (Schreiben vom 13. Mai.)

Sturm zeigt sich hier in erklärtem und principiellem Gegensatz zu der Politik der Bundeshäupter. Mit prophetischem Scharfblick durchschaut er die Nichtigkeit ihrer Rechnungen. Augenblicklich, sagt er, würde allerdings für so bedenkliche Concessionen der Kaiser sie gewähren lassen und ihnen keine Ungnade bezeigen. Wenn er aber mit ihrer Hülfe Frankreich zum Frieden genöthigt, den der Papst gern ihrer Religion zum Nachtheil vermitteln werde. dann werde es anders kommen. „Aber das, ruft er, sind die gerechten Urtheile Gottes, wenn man nicht aufrichtig auf die Religion und den Willen Gottes sieht, sondern andere Sachen in die Religion mischt, durch die Religion Land und Leute gewinnen, in der Welt gross werden will. So schickt es Gott also, dass eben diese unsere Anschläge, dadurch wir vermeinen gross zu werden, uns zum Verderben gereichen. Gott der Herr wolle sich unser erbarmen!“ (Schreiben an die Dreizehn vom 14. März.) Ganz so ist es bekanntlich gekommen. Durch ihre unweise Hartnäckigkeit in der braunschweigischen Sache, durch ihre unbedachtsame Theilnahme an dem Kriege gegen Frankreich haben die deutschen Protestanten den Kaiser in die Lage gesetzt, zwei Jahre später den Krieg gegen sie selbst zu unternehmen.

Durch alle Berichte Sturms aus dieser Zeit geht ein resignirter, sorgenvoller Ton. Er sieht die übelsten Wendungen sich vorbereiten, ohne dass er im Stande ist etwas daran zu ändern. Vielmehr ziehen ihm seine eindringlichen Warnungen bei dem Landgrafen nur böse Worte zu. Er findet, es müsse wol so sein, „dass unsere Sachen für und für aufs ungereimteste sollen gehandelt werden“. (Schreiben an den Rath vom 25. April.) Die zuletzt vom Kaiser gewährten Artikel erscheinen ihm mit Recht durchaus ungenügend. „Wir hätten es, klagt er den Dreizehn, wol gern besser gehabt, aber es hat also und nit anders sein sollen. An unserer Arbeit und ernstlichem Anhalten ist nichts gespart worden . . . . Gott wolle uns verzeihen. Wir sehn etwan viel mehr auf das zeitliche als auf das ewige; ein Jeder hat eine particulare Sache, die betreibt er, und wenn er sie zu erhalten hofft, lässt er das ewige hingehen, wie wol es Gott so schickt, dass man darin auch nichts ausrichtet". (Schreiben vom 28. Mai.)[22]

Eine treffendere Kritik der Politik des Schmalkaldischen Bundes lässt sich in dieser Richtung nicht denken. Es war so: jedes Glied verfolgte sein Sonderinteresse, wollte die Kräfte des Bundes dafür in Bewegung setzen, spaltete sie dadurch thatsächlich und verlor seinen eignen Vortheil. Schon im nächsten Jahre 1545 trat ans Licht, wie richtig Sturm die Folgen des Kriegs gegen Frankreich vorausgesehn hatte. Dem Kaiser war dadurch die Möglichkeit geschaffen, die Protestanten mit dem Schwert niederzuwerfen. Seit dem September sehen wir den Landgrafen mit seinen Strassburger Freunden eifrig die Frage erörtern, ob man jetzt nicht dem Kaiser, über dessen Absichten kein Zweifel mehr sein könne, zuvor kommen solle. Die Briefe Sturms, mit denen er etwa an dieser Discussion Theil genommen, scheinen verloren gegangen zu sein. Nach seinem Verhalten im nächsten Jahre ist es mir aber im höchsten Grade unwahrscheinlich, dass er jetzt zu einer kriegerischen Offensive gerathen habe. Sie war in Wirklichkeit nach den thatsächlichen Verhältnissen eine Chimäre. Wie sollte dieser Schmalkaldische Bund, welcher sich seine vortreffliche europäische Lage so unbedachtsam verdorben hatte, welcher auch bei der geringsten Frage des Schreibens und Redens kein Ende fand, dessen Organisation die unbeholfenste von der Welt war, wie sollte er zu einer kühnen Offensive gegen den mächtigen und kriegskundigen Kaiser im Stande gewesen sein? Statt zum Kriege zu treiben ergeht sich Sturm Ende Mai 1546, in einem Augenblicke, wo sich Oberdeutschland bereits mit Kriegslärm erfüllte, in Betrachtungen und Hoffnungen, welche durchaus der religiösen Sphäre angehören.[23] Ja, als wenige Wochen später der Krieg da ist, jetzt vom Kaiser den übel vorbereiteten Protestanten aufgezwungen, da sehen wir Sturm zum ersten Male in seinem Leben sich in eine gewisse Passivität zurückziehen. Weder die Bitten des Landgrafen noch die des Raths von Strassburg sind im Stande ihn auf den Kriegsschauplatz, oder in den

Bundesrath zu bringen.[24] Seit zwanzig Jahren wusste man nicht anders, als dass Sturm der Bote Strassburgs in jedem wichtigen Moment war: jetzt, in dieser grossen Entscheidung, wurde er vermisst. Ich wage nicht über die Gründe, welche Sturm in Strassburg zurück hielten, Vermuthungen aufzustellen. Wie sie auch gewesen sein mögen, immerhin scheint mir das Verhalten Sturms in hohem Grade charakteristisch, wenn es auch vielleicht zu dem idealen Bilde der Ueberlieferung nicht ganz passt.

Erst Anfang November, als in Strassburg die Nachricht eintraf, dass der Kurfürst von Sachsen in sein von Herzog Moritz und König Ferdinand angegriffenes Land zu ziehen begehre, dass die Auflösung des Heeres der Verbündeten, welches bis dahin dem Kaiser an der Donau Stand gehalten, damit ihre sichere Niederlage drohe, erst jetzt entschloss sich Sturm die Reise anzutreten. Er drang jetzt in den Landgrafen, vor dem Abzug einen Angriff auf den Kaiser zu wagen.[25] Aber das war in der That jetzt wohl kaum noch möglich. Einige Wochen später stand der Kaiser als Sieger da. Die rückläufige Bewegung, welche in Rom seit einigen Jahren so umsichtig und wirksam vorbereitet war, hatte auf deutschem Boden den ersten grossen Erfolg davon getragen.

In den schweren Stunden, welche jetzt auch für Strassburg kamen, bewies Sturm seine alte Kraft. Zuerst bot er Alles auf, ob die freilich so gut wie verlorene Sache gerettet werden könne. Da dann aber die schwäbischen Städte eine nach der anderen in die Knie sanken, Frankfurt seine Unterwerfung beeilte, Württemberg theuren Frieden erkaufte, der Landgraf rathlose Briefe schrieb und nun der Kaiser Strassburg günstige Anerbietungen machen liess,[26] da überwand Sturm sich selbst und trat dafür auf, dass auch Strassburg ein Ende mache. Denn wahrlich für Niemand lag darin ein schwereres Opfer als für ihn. Indem er auf das Bündniss mit den alten Genossen verzichtete, von denen die niederdeutschen immerhin noch im Felde standen, löste er die Beziehungen, in welchen er während des besten Theils seines Lebens den eigentlichen Mittelpunkt seiner rühmlichen Thätigkeit gefunden hatte. Aber was konnte das ganz isolirte Strassburg diesen Genossen jetzt noch nützen? Zunächst lag ja allerdings noch kein absoluter Zwang vor. Man hätte sich eine Weile noch in stolzem Widerstande schmeicheln können. Gewiss wäre nichts für den Moment populärer gewesen. Die Gewissenspflicht selbst schien es zu fordern. Alle Herzenswünsche sprachen dafür. Aber wie hätte Strassburg später für diesen Genuss büssen müssen! Oder hätte es sich Frankreich in die Arme werfen sollen, um dessen Geldhülfe es allerdings vor kurzem angefragt hatte? Würde es dann fünf Jahre später in der Lage gewesen sein den französischen König von seinen Mauern abzuweisen und die Unabhängigkeit zu behaupten, welche Metz soeben verloren hatte? Die Rechnung auf französische Hülfe wäre überdies, wie der Erfolg zeigte, eine gründlich falsche gewesen.[27] Vielleicht nie hat Sturm seine politische und menschliche Ueberlegenheit schöner gezeigt, als in diesen traurigen Tagen, wo er sich mit männlichem Scharfblick und Muth dem Zwang der Verhältnisse unterwarf, den einzigen Weg der Rettung entschlossen betrat, vor eigner bitterer Demüthigung nicht zurückschreckte, um seine Stadt in eine gesicherte Stellung zurück zu führen. Nicht wahrlich in der Meinung, dann resignirt die Hände in den Schoss zu legen. Im Gegentheil, die haltbare Position sollte nur gewonnen werden, um von ihr aus den Kampf für das alte Ziel sofort mit voller Kraft zu erneuern. Denn wenn Strassburg bis zu der Katastrophe des Schmalkaldischen Kriegs in erster Linie für die religiöse Unabhängigkeit gefochten hatte, so nahm es jetzt diesen Ehrenplatz wiederum mit vollem, ja mit verstärktem Nachdruck ein. Keine Stadt hielt sich von der Last des Interim so frei wie Strassburg; keine Stadt fasste dann die schwierige Frage der Beschickung des Concils so klug und kräftig an wie Strassburg. Es that sein Mögliches, um dem mit den Waffen geschlagenen Protestantismus vor der versammelten römischen Kirche eine recht gewichtige Vertretung zu verschaffen, und als keine Stadt sich dazu entschliessen mochte, that es allein was es für Pflicht hielt. Auch in diesen letzten Dingen war die Politik Strassburgs wesentlich die Sturms.

Ich habe versucht das Charakterbild des Mannes nach der Seite hin etwas schärfer zu zeichnen, wo es mir bisher am meisten unbestimmt und ungenau zu sein schien. Wollen wir die Summe ziehn, so werden wir sagen dürfen, Sturm that als Vertreter Strassburgs in den grossen Kämpfen seiner Zeit das Beste, was überhaupt einem Bürger zu thun möglich war. Seine Zeitgenossen verehrten in ihm einen der treuesten, geschicktesten, weisesten Führer einer Bewegung, welche aus dem innersten Wesen der deutschen Nation entsprungen war, deren Schicksale mit den Schicksalen der Nation selbst zusammen fielen. Dass sie zu dem ihr beschiedenen Ziele gelangte, daran hatte er ein hervorragendes Verdienst. Hätte man seinen weisen Rath immer gehört, so würde mancher schlimme Missgriff vermieden worden sein. Fanden wir ihn in dem Moment der höchsten Krisis nicht in jener ersten Reihe, wo ihn Deutschland sonst zu erblicken gewohnt war, so erlitt er vielleicht nur das Verhängniss über die Natur seiner Stellung nicht hinaus zu können. Für die Dimensionen eines Kampfes wie der Schmalkaldische Krieg reichten die Kräfte auch des damaligen Strassburg weit nicht aus. Er hielt sich bescheiden, vielleicht ängstlich zurück, wo er nicht wusste, wie er als Vertreter Strassburgs helfen sollte. Denn er wollte nie etwas sein als ein solcher Vertreter. Er strebte nie nach etwas höherem, als die Interessen seiner Stadt im Einklang mit den allgemeinen Interessen zu fördern, indem er seiner Stadt diente, dem Ganzen zu dienen. Die tragische Kühnheit oder Vermessenheit eines Jürgen Wullenwever ist ihm stets fremd gewesen. Er hat nie Reiche erschüttert wie dieser, er hat aber seine theure Vaterstadt durch die schweren Stürme der Zeit mit solcher Umsicht und Kraft hindurchgeführt, dass alle ihre deutschen Schwestern Grund hatten, sie zu beneiden, dass ihr Ruhm mit ihrem Glück, ihr Ansehn mit ihrem wahren Gedeihn im schönsten Einklang stand.

Die ganze Bedeutung dieses edlen Mannes erschliesst sich natürlich nur dem, welcher die Gesammtheit seines öffentlichen und privaten Wirkens übersieht, seine einzige oft wahrhaft rührende Fürsorge für das Schulwesen seiner Stadt, das in ihm einen seiner hauptsächlichsten Begründer verehrt, seine rastlose Thätigkeit in allen Fragen der inneren Verwaltung, die makellose Reinheit seines häuslichen Lebens, sein reges schöpferisches Interesse an grossen wissenschaftlichen Unternehmungen, wie an dem Geschichtswerk Sleidan's, welches wir uns ohne ihn gar nicht denken können, und endlich: über Allem was er that, das was er war. Mit seinen Handlungen bewegte er sich in den Grenzen seiner Zeit und, wie wir gesehen haben, doch auch in den Grenzen seines städtischen Berufs; seine Persönlichkeit aber, wie sehr sie den Stempel der Reformationszeit trug, ragte insofern über sie hinaus, als sie ihre Einseitigkeiten in jener schönen Harmonie wahrer Humanität überwand, welche uns in den weiten Räumen der Geschichte namentlich bei den Männern, welche von dem gewaltigen Sturm weltgeschichtlicher Bewegungen geschüttelt werden, so selten begegnet. Wenn es überhaupt räthlich wäre einen einzelnen Mann aus ferner Vergangenheit der Gegenwart zum Muster aufzustellen, als Menschen, als Bürger, als Schulherrn, als Lenker eines städtischen Gemeinwesens, als Träger einer grossen Zeit könnten wir wahrlich wohl diesen Jacob Sturm als Leitstern erwählen. Was liesse sich namentlich dieser Stadt besseres wünschen, als dass der wahre Geist Jacob Sturms über ihr walte, jener selbständige, weise, massvolle, pflichttreue Bürgergeist, welcher dem Strassburg der Reformationszeit die Bewunderung und Liebe Aller erweckte, welche je in seinen Mauern weilten! Und auch unserer jungen Hochschule wird es wohl nicht übel anstehn, den dankbaren Blick auf einen Mann zu richten, welcher hier, in dieser Stadt, die höchste Aufgabe der Bildung so schön gelöst hat, ein reiches Wissen mit einem reinen Herzen zu verbinden und einen mit den besten Schätzen seiner Zeit genährten Geist in höchster Selbstlosigkeit den grossen Aufgaben des öffentlichen Lebens dieser Zeit zu widmen.

Man preist mit Recht die Menschen glücklich, denen der Geist ausgezeichneter Vorfahren die Lebenswege behütet und aufwärts richtet. Auch ein Gemeinwesen darf sein Geschick segnen, welchem aus alten Zeiten reiner Glanz den gegenwärtigen Tag beleuchtet. Und wer immer in solchen historisch geweihten Kreis eintritt, überkommt etwas von dem Hauch und Antrieb, der von der Erinnerung an Grosses und Rühmliches nie zu trennen ist. Möge uns Allen diese Kraft Strassburgs, aus der Quelle der sie entsprang sich verjüngend, jeder Zeit eine lebendige, treibende, schaffende sein!

ANMERKUNGEN.

[1] Germania *Jacobi Wimpfelingii* ad rempublicam Argentinensem. (1501).

[2] Das wichtigste Werk für den Biographen Sturms ist noch immer *Joannis Sturmii* consolatio ad senatum Argentinensem de morte clarissimi et nobilissimi viri D. Jacobi Sturmii. Argentorati 1553. Zur dritten Säcularfeier der Reformation veröffentlichte Professor *Fritz* 1817 das Schriftchen: *Jacob Sturm von Sturmeck.* Den Schülern der oberen Abtheilungen des protestantischen Gymnasium gewidmet". Eine sehr warme Charakteristik gab mein verehrter College *Baum* in seiner bei der Enthüllung des Denkmals von Sturm gehaltenen Standrede: „*Jacob Sturm von Sturmeck.* Strassburgs grosser Stettmeister und Scholarch." 3ter Abdruck. Strassburg 1872. In das Detail am meisten eingegangen ist *Ernest Lehr* in seinem Vortrage über Sturm, den man in den Mélanges de littérature et d'histoire alsatiques. Strasbourg 1870. p. 147 ff. findet. Auch Lehr indessen hat die politische Seite nur sehr im Allgemeinen berührt.

[3] Von dem Verhältnisse *Sleidan's* zu Sturm eingehender zu reden, ist hier nicht am Platze. Von der ungemeinen Zurückhaltung, welche Sleidan in seinen Commentaren über die Persönlichkeit Sturms beobachtete, könnten zahlreiche Beispiele angeführt werden. Ich begnüge mich eins hervorzuheben. Der Leser wird weiter unten finden, wie eigenthümlich und bedeutsam die Stellung war, welche Sturm auf dem Speierer Reichstage des Jahres 1544 einnahm. Die ungewöhnlich lebhaften und ausführlichen Berichte Sturms von diesem Reichstage hat Sleidan in der Hand gehabt, wie ein Vermerk von ihm auf dem alten Bande unseres Stadtarchivs zeigt, welcher diese Berichte enthält. Hat man sie gelesen und schlägt dann Sleidan auf, so ist man doch erstaunt, auch nicht die leiseste Andeutung bei ihm darüber zu finden, wie merkwürdig frei sich Sturm in diesem entscheidenden Moment von den Illusionen der Bundeshäupter hielt. Ja er erwähnt nicht einmal, dass Sturm auf diesem Reichstage Strassburg vertrat!

[4] Vor Allem ist zu beklagen, dass aus der im letzten Jahrzehnt seines Lebens sehr lebhaften Correspondenz Sturms mit Sleidan, in der, nach den Briefen Sleidan's zu schliessen, die wichtigsten politischen Fragen mit voller Unumwundenheit erörtert wurden, sich nicht ein einziger Brief von Sturm erhalten zu haben scheint Mir ist wenigstens trotz langen und mühsamen Nachforschungen nichts derartiges bekannt geworden. Auch unter den reichen Briefschätzen unserer alten Stadtbibliothek scheint sich nichts befunden zu haben; wenigstens enthält der von *Baum* mit besonderem Interesse für Sturm gesammelte Thesaurus epistolicus reformatorum Alsaticorum, welcher uns manches wichtige Stück aus jener Bibliothek gerettet hat, keinen einzigen Brief Sturms an Sleidan.

[5] Der Brief *Capito's* (Augsburg 7. Juli 1530) ad fratres Argentinenses, den *Baum* aus der bekannten Simler'schen Briefsammlung in seinen Thesaurus aufgenommen hat, enthält folgende Stelle: Orate pro legatis nostris qui fortissime et dexterrime negotium Domini agunt. Utinam audiretis Sturmium, modo (?) veritatis causam identidem defendentem. Agnosceretis esse cur quidam de eo Princeps et Primarius dixerit: daemonium illum habere et daemonium ex eo loqui, adeo urgent eius verba. Nihil est eo magis invisum propter Christum apud hostes, nihil carius apud Christi studiosos.

[6] Es ist nicht ganz genau von Berichten Sturms zu sprechen, da sie, wenn man von einigen Privatbriefen Sturms an den Stadtschreiber Peter Butz absieht, von Sturm und seinem Mitgesandten Mathis Pfarrer herrühren. Nichtsdestoweniger ist Sturm der wirkliche Verfasser dieser Berichte, auch da, wo sie nicht von seiner Hand geschrieben sind. Von Ende Mai bis zum 27. Juli liegt die Reihe dieser Schreiben ziemlich vollständig in unserem Thomasarchiv vor. Sie ergehen sich recht ausführlich über die verschiedensten Umstände. Namentlich die Härte und Schroffheit, mit der die Strassburger von den „sächsischen Prädicanten" zurückgestossen wurden, findet an vielen Stellen einen lebhaften Ausdruck. So schreiben die beiden Gesandten am 7. Juni an die Dreizehn, es komme ihnen vor, die Wittenberger wünschten mehr die Ausrottung ihrer (der Strassburger), als der päpstlichen Lehre. Aber von irgend welcher besonderen Thätigkeit Sturms findet sich in allen diesen Berichten keine Spur.

[7] Von dem Speierer Reichstage des Jahres 1526 sind nur einige wenige Berichte von dem Altammeister Martin Herlin und Jacob Sturm auf unserem Stadtarchiv erhalten (AA. 397), welche über Sturm vollständig schweigen. Dagegen meldet ein früher auf unserer Stadtbibliothek aufbewahrter, mir durch Baum's Güte in seinem Thesaurus bekannt gewordener Brief Gerbel's an Melanchthon vom Juni 1526: Adversus hanc rogationem episcoporum *, quorum maior pars in comitiis

* Dass nemlich die Uebertreter des Wormser Edicts gezüchtigt und die Kirche in den früheren Zustand zurückgeführt werde.

dominatur, Jacobus Sturmius, apud nos ordinis senatorii, homo adhuc iuvenis, sed auctoritate, prudentia atque literis aevi maturioris, praeclaram atque gravem orationem habuisse fertur. Ueber den Speierer Reichstag von 1529 liegt die ausführliche Berichterstattung der Strassburger Gesandten vor in der sorgfältigen Publication von *A. Jung* „Beiträge zu der Geschichte der Reformation" Erste Abtheilung. Strassburg 1830. Wir wissen aus den kurzen Notizen des Memminger Reichstagsgesandten Hans Ehinger (*Klüpfel,* Urkunden zur Geschichte des Schwäbischen Bundes 2, : 43), dass Sturm der Sprecher der Städte war: Sturm selbst verräth davon nichts. Ja als er Peter Butz am 18. März von der Wahl des grossen Ausschusses meldet, schreibt er, die Städte hätten Strassburg und Nürnberg in denselben verordnet; erst aus einem Briefe Pfarrer's vom 21. erfahren wir, dass Sturm gewählt war. Aehnlich charakferistische Züge liessen sich mehrfach anführen.

[8] Der Brief *Wimpfeling's* vom 11. November 1524 wird im Thomasarchiv aufbewahrt und zeigt den alten Humanisten vom lebhaftesten Eifer gegen die reformatorische Bewegung erfüllt. Er macht in einer Nachschrift die characteristische Bemerkung: „Kynden wir die Poeten wider das volk (die Lutheraner) richten, die würden sie uffmützen, wie sie ander lüt bitzhar usgehüpt haben, vom bapst uff den kilchwarten, vom keiser uff den sewhirten, das ist evangelisch." Im Anfang des Briefes spricht er von seiner Correspondenz mit den Strassburger Ketzern Capito, Hedio u. A., die er etwa drucken lassen möchte. Namentlich habe er auch einen Brief geschrieben ad Jac. Sturmium qui prorsus mihi veneno Wicleffico suffusus esse videtur, cui super hoc verba feci, sed ipse mihi sic obiecit: bin ich ein Ketzer, so hant ir mich zu einem gemacht. Indixit mihi silentium.

[9] Diese Thatsache geht hervor aus einem Schreiben von Bürgermeister und Rath zu Nürnberg an Bürgermeister und Rath zu Strassburg vom 27. November 1526. (Strassb. Stadtarchiv A A. 369).

[10] Schreiben des Strassburger Raths vom 18. Mai 1527 an seine Gesandten in Regensburg, „den ernvesten und fürnemen Herrn Jacobs Sturm Stettmeistern und Herrn Martin Herlin Altammeistern". (Str. St. A. 397).

[11] „Instruction uff den Reichstag so anno 1528 uff Invocavit gen Regenspurg usgeschriben." (ib.)

[12] Es war das nicht nur ein natürliches Ergebniss der alten und innigen politischen Beziehungen, in denen Strassburg zu den Schweizern stand, sondern namentlich auch der persönlichen Freundschaft, welche frühzeitig die Strassburger Reformatoren mit Zwingli verband: Hedio finden wir schon 1519, Capito und Butzer 1521 in Correspondenz mit Zwingli.

[13] S. die oben erwähnten Notizen Ehingers bei *Klüpfel* 2, 339.

[14] Die Stelle lautet in dem Briefe des *Erasmus* an Joannes Vlattenus vom 24. Januar 1529 aus Basel (Opp. 3, 2, 1141): Nec gra-

vatus est (Wimpfelingius) amore pietatis agere paedagogum aliquot magnae spei adolescentibus, quorum praecipuus nunc inter nobiles doctrina, sinceritate, candore, prudentia nobilissimus Jacobus Sturmus, cuius consiliis plurimum debet tota pene Germania, non solum inclyta civitas Argentoratum.

[15] Vertrauliche Verhandlungen, in denen Granvella oder Naves Sturm zu Rathe ziehn, begegnen häufig; sogar auf dem Speierer Reichstage von 1544 fanden sie mehrfach statt, wo doch Sturm in der schärfsten Opposition gegen die Wünsche des Kaisers stand. Ganz besonders warm wird Sturm die kaiserliche Gnade in einem Briefe des Bischofs von Arras vom 25. Mai 1552 (Thomasarch.) versichert, worin es u. A. heisst: „Dan ir key. Mt. einem erbaren rath und gemainer stat daselbst, in ansehung ires bestendigen gehorsambs und unterthenigen treue, so sy zu disen geschwinden gefarlichen leufften gegen ir Mt. und dem hail. Reich erzeigen, und sonderlich euch von wegen eures getreuen underthenigen vleisses, so ir in solchem fall ehrlich und gehorsamlich furwendet . . . . mit allen gnaden geneigt."

[16] Ausser den bei *Neudecker*, Urkunden aus der Reformationszeit, leider höchst incorrect gedruckten Briefen Sturms an den Landgrafen enthält das Marburger Archiv mehrere auf diese Frage bezügliche Schreiben Sturms, so vom 14. August 1531, worin er den Landgrafen auf eine neue Praktik des Kaisers, die Evangelischen zu trennen, aufmerksam macht. Ganz besonders sprechend ist aber ein Brief Sturms an den Landgrafen vom 26. August 1534. Ich theile folgende Stelle daraus mit: „Ich hab kein zweiffel, e. f. g. haben die jar her wol aus villerley handlung gespürt und gemerkt, wass die papisten inen selbs fur ein furtheil haben understanden zu machen durch die zweispalt so sich des sacrament halb nun ein zeitlang zwischen den Evangelischen stenden erhalten hat. Dweil nun mein hern solichs vermerkt, zudem das es eine grosse ergernuss bey vil guthertzigen und ein anstoss und verhindernuss des Evangelii bey andern nationen bracht hat, haben sie itzt lang und vilfeltig dahin gearbeit, wie solich zweispalt mocht hingenommen werden. Nun hab ich e. f. g. alwegs gleichs gemuts auch funden und gespurt. Wie aber solichs durch etlich gelerten und prediger gefordert worden sey, durch ihre buchlein so sie im truck ussgan lassen, dergleichen durch dass teglich predigen und schreyen uber die schwermer, sacramentirer, sacramentschender und weiss ich mit was andern schenen titteln sie die leut schmücken, ist e. f. g unverborgen. Wir haben es aber alles got befolen. Und als ob es unss nit anginge, wie es in der warheit unss nit anget, umb friddens willens hingen lassen und nit angenomen, besonderlich dweil solich gesellen, die also geschrawen, nit nohe bey unss gewesen, destoweniger schaden anrichten mogen. Solichs hat dennochten durch die gnad Gottes sovil gewirkt, das bey den Oberlendischen Stetten itzt ein zeitlang gutter fried gewessen. Nun hatten wir gehofft, so myn gn. her hertzog Ulrich widder in sin land komen were, es solt zu weither fridden, ruge und

einigkeit gedient haben, und forthin es besser worden sein? So wil es unser hergot villeicht darumb, das wir unss der victorien und glucks nit zuvil uberheben, mins bedunkens anderst fugen. Dan erstlich, weil e. f. g. noch im zuge und land Württempergk gewessen, hat e. f. g. prediger her Conradt sich zimlich ruhe in sinen predigten horen lassen und die von stetten vor schwermer ussgeschrawen und bey erbarn leuthen gesagt, man solt diss teils prediger, als den zu Esslingen und seinsgleichen so wenig als die Papisten horen. Item gesagt, wir berümen unss einer vereinigung, seyen aber als weit von eynander als hymel und erden, auss welchem dan ye folgen müssen, das die gestillet ergernuss der zweytracht widder erweckt worden." Sturm führt dann weitläuftig aus, wie arg es namentlich M. Erhart Schnepf gegen den bekannten Constanzer Prediger Ambrosius Blaurer getrieben, und trotz seinen, Sturms, dringenden Vorstellungen bei Herzog Ulrich der Zank und Hader ungemindert fortgehe. Wenn aber dieser unfreundliche Weg verfolgt und Alle, welche nicht genau mit Schnepf in der Abendmahlslehre stimmten, vom Kirchendienst ausgeschlossen würden, so fürchte er, werde das den Papisten sehr nützen. Schon liessen dieselben sich vernehmen, als ob sie Schnepf und die Seinen wohl leiden möchten, „allein man sol der von stetten mussigk gan, so sie doch in der warheit kein teil leiden mogen, sondern allein die trennung der Evangelischen stende und verhinderung des Evangelii suchen, zu dem das es sonst vil sachen hinderlich sein wird."

Daher habe er gedacht, ob nicht der Landgraf Wege finden möge, solch Unheil zu verhüten. Er entwickelt dann, wie es nicht mehr als billig sei, dass die Städte, da man sie als „einhellig im Glauben" in die Einigung aufgenommen, nicht über die Worte der Schrift hinaus gedrängt würden. In Sachen der äusseren Kirchengebräuche habe man ja immer von beiden Theilen bekannt, dass dieselben frei seien. Man begehre auch dieserseits nicht, dass die Anderen alle Dinge auf ihre Weise änderten, „sondern das man linde fare und wol zusehe, wie es an jedem ort zur besserunge und auffbawunge diene". Der Landgraf möge doch in diesem Sinne bei Herzog Ulrich wirken. „Und bitte e. f. g. ganz underthenigklich, er wolle ime diss mein ungeordnet lang vertrawlich schreiben zu keinen ungenaden auffassen. Dan ich in der warheit, weiss got, nit anders such dann uffgang gotlichs worts und aller stende, die das predigen lassen, wolfart. Dan wo got nit gnad gibt, das dise spaltung und schwere ergernuss im land zu Würtempergk frewntlich verhütet werde u. das etlich leut mehr lust nach vereynigung der Kirchen tragen, besorg ich, werd nichts guts bringen und vielleicht besser sein, es were dass land noch ein zeitlang under dem bapstum plieben, bis man zu besserer vereinigung diss spans komen were".

Charakteristisch für Sturm ist noch, dass er in diesem Briefe zweimal den Landgrafen dringend bittet, dafür zu sorgen, dass Niemand vermerke, „das es von mir herkeme oder auch von meinen herrn oder

der stat Strassburg, auss allerley ursachen". Es ist das eine fast regelmässige Wendung in Sturms Briefen an den Landgrafen, wenn er ihm etwas von irgend welchem Belang meldet.

[17] Das Schreiben der Städte an Sturm und die Veranlagung derselben zu der Verehrung findet sich in A A. 533 unseres Stadtarchivs.

[18] Das Schreiben, welches Augsburg am 21. Februar 1551 im Auftrag der Reichsstädte an Sturm richtete und dessen Antwort hat *Wencker* abgedruckt Apparatus et instructus Archivorum Argent. 1713 p. 36 sqq.

[19] *Sastrow,* Herkommen, Geburt und Lauff seines ganzen Lebens herausg. von *Mohnicke* 2, 91 f. Sastrow sah Sturm 1547 auf dem Augsburger Reichstage. Die Gesandten seines Herrn hatten denselben einmal eingeladen; bei Tisch kam die Rede auf das Bisthum Cammin: „Da, erzählt Sastrow, recitirte er die Gelegenheit des Stiffts, von weme, zu wollicher Zeit es gestifftet, wer es fundirt, dotirt, wie es zugenommen, was sich die Hertzogen von Pommern stets daran vorbehalten, wie sollichs vor sieben Jaren im Reichsrath zu Regenspurg war furgebracht und tractiert worden, so eigentlich und vollkommen, als hette ers vor acht Tagen angehort. Der treffentlichen Memorien sich die Räte nicht genugsam konten verwundern, wie es dan in Warheit ein furtreffentlicher, erfarner, beredter, weiser Man war" u. s. w.

[20] *Röhrich* 2, 180. Was er dort nach Hortleder über ein Gutachten des Strassburger Raths aus dem Jahre 1538 mittheilt, welches empfahl das Kammergericht zu recusiren, enthält keinerlei Beweis für die von ihm Strassburg zugeschriebene Politik

[21] Abgedruckt bei *Neudecker,* Urkunden aus der Reformationszeit S. 319 ff.

[22] Die Correspondenz über den Speierer Reichstag ist in seltener Vollständigkeit in zwei alten Bänden unseres Stadtarchivs (A A 503 u. 504) erhalten. Sturm war auch hier nicht der alleinige Vertreter Strassburgs, sondern ihm Math. Geiger beigegeben, der indessen neben ihm vollständig zurück tritt, auch bereits im April nach Strassburg zurückkehrt. Die wichtigsten Schreiben sind von Sturms Hand und die übrigen sicherlich von ihm dictirt. Wenn man nun dieses ganze reiche Material überblickt, so kann es keinem Zweifel unterliegen, dass Sturm nicht etwa nur in einzelnen zufälligen Aeusserungen, wie den im Text angeführten, die Wahrheit der Dinge traf, sondern fest und klar den grossen politischen Zusammenhang durchschaute Die schönen Zusicherungen des Kaisers haben ihn auch hier über dessen wahre Stellung zur kirchlichen Frage nicht getäuscht. Seine Ansicht hat in zahlreichen Schreiben einen unzweideutigen Ausdruck gefunden. Aber allerdings ist er nicht dazu gekommen, von dieser seiner Erkenntniss aus als Vertreter Strassburgs zu handeln; denn die ihm vom Rath gegebenen Instructionen, namentlich die massgebende vom 20. März, hoben nicht die der allgemeinen Sache drohenden Gefahren, sondern die besonderen Interessen Strassburgs als das entscheidende Moment

hervor. Obwohl diese Instruction vom 20. März ganz auf dem Schreiben Sturms an die Dreizehn vom 14. März ruhte, liess sie doch die von Sturm so stark betonten allgemeinen Gesichtspunkte zur Seite und führte die speciell für Strassburg aus seiner Theilnahme am Kriege gegen Frankreich zu erwartenden Nachtheile aus, die empfindliche Schädigung des Handels, die grossen Verluste vieler Bürger, welche beträchtliche Waaren und Forderungen in Frankreich hätten, vielleicht gar Eindringen des Feindes ins Elsass, Zerwürfnisse mit den Schweizern u. s. w. Allerdings erklärt der Rath diesen ganzen Krieg gegen Frankreich für ein Unheil, das fern zu halten seine Gesandten zusammen mit den Einungsverwandten und den Städten Alles aufbieten sollen. Aber das Hauptgewicht fällt doch immer auf die besonderen Anliegen Strassburgs; wenn nur Strassburg an diesem fatalen Kriege nicht Theil nehmen, seine vortheilhaften Beziehungen zu Frankreich nicht schädigen muss! Deshalb sollen die Gesandten eventuell dem Kaiser eine entsprechende Hülfleistung gegen den Türken anbieten, um dafür von der Theilnahme am Kampfe gegen Frankreich dispensirt zu werden. Das hebt allerdings auch der Rath mit aller Bestimmtheit hervor, dass in die Hülfe gegen Frankreich auf keinen Fall gewilligt werden dürfe, ehe der Kaiser die Forderungen der Protestanten über Frieden und Recht erfüllt: „Das zuvorderst die puncten des rechtens und fridens/ also versichert werden, das, so man also in handel käme und die key. Mt. und das Reich gegen Frankreich obligen oder mit demselben vertragen werden solten, das die Stende der Augspurgischen Confession der Religion und anderer sachen halben gegen der key. Mt., den Stenden des Reichs und auch Frankreich sambtlich noch sonderlich nichts zubefaren haben dorffen". In der That war, wie die Dinge im Reich und auch im Schmalkaldischen Bunde sich längst gestaltet hatten, eine irgend wirksame Operation des Vertreters einer einzelnen Stadt nur von diesem Grunde der Particularinteressen aus denkbar; ein anderes Verfahren würde gar nicht verstanden worden sein. So konnte daher Sturm seine überlegene Einsicht gewissermassen nur privatim zur Geltung zu bringen suchen; natürlich fruchtlos. Uebrigens würde das Resultat kein anderes gewesen sein, auch wenn er im Namen Strassburgs so gesprochen hätte. Bei der Beurtheilung seiner politischen Thätigkeit wird man überhaupt diesen Punkt nie übersehen dürfen, dass, wenn es ihm nicht gelang einen der mächtigeren Fürsten für seine Ansicht zu gewinnen, sein reeller Einfluss doch nur ein beschränkter war. Ueber eine selbständige politische Macht, welche für sich ins Gewicht fiel, hatte er ja niemals zu verfügen. Daher erklärt sich die vorsichtige, ja nicht selten fast ängstliche Art seines Auftretens.

[23] Das Schreiben Sturms an Landgraf Philipp vom 27. Mai 1546 (Marburger Archiv) ist in hohem Grade bezeichnend. Leider liegt der Brief des Landgrafen, auf welchen Sturm antwortet, nicht vor; aber wenn man weiss, wie nachdrücklich der Landgraf seit Mitte Mai die Bundesgenossen auf die drohende Kriegsgefahr aufmerksam machte,

so kann man wohl kaum zweifeln, dass er aus der Fruchtlosigkeit aller gütlichen Verhandlungen auf die Unvermeidlichkeit des Kriegs geschlossen haben wird. Sturm dagegen schreibt: „Sonst bin ich auch e. f. g meynung, das durch diese colloquia, nationalversamlungen, reichstag oder andere ordenliche wege khein christlich vollkommen vergleichung noch zur zeyt zu verhoffen sey. Sondern wie die Religion bey zeyten Christi, der Apostell und martyrer, wider willen und gehell alles ordenlichen gewalts by Juden und heyden uffgangen, also das heut das Hauss, morn ein anderes, dan ein flecken, dan ein land zum glauben khumen, und also allgemachlich in aller verfolgung uberhand genommen, also werd auch die widerbringung der waren Religion, oder wie wir es nennen, die reformation christlichs glaubens auch iren furtgang gewinnen, nitt durch ordenlich wege, sondern also, das heut der furst, morgen der her, dan die stat, dan das land herzukhomme, wider der hohen potentaten willen, biss es in der verfolgung so gross und stark werde, das es uberhand näme und sich die ordentliche oberkheyt auch von frid und nott wegen darzu begebe". Die verschiedensten Dinge berührt Sturm in diesem 11 Folioseiten füllenden Schreiben, nur die eine in Wahrheit alles beherrschende Frage nicht: den drohenden Krieg. Am Schlusse spricht er von dem Verhältnisse zu Frankreich, da der Landgraf ihm einen Brief an den Dauphin geschickt. Allerdings, meint Sturm, habe er durch eine vertraute Person über den Dauphin gute Nachrichten erhalten, dass derselbe u. A. gesagt, wenn er den Protestanten dienen könne, wolle er es gern thun. Aber er glaube doch nicht, dass derselbe jetzt schon bei seinem Vater etwas zu Gunsten der Protestanten vermöge, und habe es deshalb für besser gehalten den Brief nicht abzuschicken. Dieselbe vertraute Person rathe ihm, die Protestanten sollten sich stellen, als ob sie, wenn Frankreich mit der Verfolgung ihrer Glaubensgenossen fortfahre, bestimmt werden würden die Anerbietungen von England und dem Kaiser anzunehmen: „Dies wurd machen, das der konig zu uns schicke und allerley erbieten wurd, das sonst nitt geschehe. Ich sagt ime, wir weren Evangelisch, dorumb gebürt uns uffrecht und wahrhafftig zu handeln und nitt anzunämen, das nitt were". Man sieht, das Alles ist in einer Stimmung und Anschauung geschrieben, welche von dem Gedanken, dem drohenden Kaiser mit den Waffen zuvor zu kommen, unendlich weit abliegt.

Ein weiteres Schreiben Sturms an den Landgrafen vom 17 Juni (Marb. Arch.) meldet von sehr bedenklichen Praktiken des Kaisers bei dem Adel in Franken und am Rhein, um ihn gegen die Schmalkaldischen einzunehmen und auf seine Seite zu bringen. Es war das in der That einer der wohlberechneten Züge des Kaisers, um die Gegner zu isoliren. Ein so kluger Mann wie Sturm konnte sich jetzt unmöglich noch über die Absichten des Kaisers täuschen: nichtsdestoweniger ist auch hier von dem drohenden Kriege mit keinem Wort die Rede.

[24] Der Landgraf bittet zuerst am 5. Juni, dass der Rath von

Strassburg wegen der gefährlichen Läufe Sturm nach Regensburg sende. Am 22. fordert er die Dreizehn auf, Sturm zu ihm zu schicken. Dass der Rath für seine Vertretung auch jetzt zunächst auf Jacob Sturm seine Blicke geworfen haben wird, versteht sich um so mehr von selbst, als er grosse Mühe hatte andere Männer für Uebernahme der schwierigen Mission zu gewinnen. Vom 11. Oct. wird ausdrücklich der Beschluss des Raths gemeldet, mit Sturm reden zu lassen. Wir finden denselben während der ganzen Sommermonate in Strassburg thätig, so dass also nicht etwa Krankheit ihn zurück gehalten haben kann. Von den Gründen, welche ihn bestimmten, sich von jeder directen Theilnahme am Kriege fern zu halten, ist mir bis jetzt nicht einmal eine Andeutung bekannt geworden. Eins wird man sagen dürfen: die Anwesenheit Sturms in Ulm oder im Hauptquartier würde am Gange des Kriegs nichts geändert, wohl aber ihm vielleicht unmöglich gemacht haben später die heilsame Thätigkeit zu üben, welche er seit dem Februar 1547 entwickelte.

[25] Diese Thatsache und die von Sturm geltend gemachten Gründe ergeben sich aus dem interessanten Schreiben des Landgrafen an Sturm „dat. in unserm veldlager bey Giengen den 22 tag Novembris" (Str. St. A. 537.)

[26] Dass die Initiative zu den Verhandlungen von kaiserlicher Seite ergriffen wurde, was durchans der Situation entsprach, meldet ausdrücklich Johann Sturm in einem Schreiben an König Franz I. vom 19. Februar 1547, von dem Ribier, Lettres et memoires d'estat 1, 618 eine ungenaue und unvollständige französische Uebersetzung mittheilt. Wenn er den Brief dem Dr. Chelius zuschreibt, so beweist die Handschrift mit absoluter Sicherheit, dass derselbe von Joh. Sturm herrührt. Der Brief ist im Besitz der Pariser Nationalbibliothek. (Ancien fonds français nr. 2996 Fol. 58 sq.)

[27] Eine für die Beurtheilung von Sturms Politik wichtige Frage ist die, wie er das Verhältniss zu Frankreich angesehen und behandelt habe; sie eingehend zu erörtern würde mich hier zu weit führen. Nur das eine will ich bemerken, dass, wenn Thuanus an der bekannten Stelle seines zwölften Buches von Sturm schreibt: et Francisco (regi) in negotiis, quae illi cum Imperii principibus et civitatibus erant, egregiam admodum ac fidam operam navavit, er entweder Jacob mit Johann Sturm verwechselt, oder sich viel zu stark ausgedrückt hat. Auf Johann Sturm finden allerdings die Worte Thuan's volle Anwendung. Nun konnte man bei den nahen Beziehungen beider Männer wol annehmen, dass Johann in so wichtigen Dingen kaum etwas gethan haben würde, was Jacob nicht genehm gewesen wäre; aber diese Annahme trifft doch nicht durchweg zu. Wenigstens in einem wichtigen Moment hat Jacob Sturm das Verhalten Johanns entschieden gemisbilligt, im Frühling 1544 Es hat sich in dem oft genannten Bande unseres Stadtarchivs ein Schreiben Sturms an die Dreizehn vom 23. März erhalten, worin er die Praktiken Johann Sturms und Ulrich Geigers mit

Frankreich sehr scharf tadelt und, da alle seine privaten Ermahnungen namentlich bei Sturm fruchtlos gewesen, die Dreizehn bittet, dass sie den Beiden „freuntlich doch auch mit ernst undersagten, das sy diser Ding ab und müssig stünden"; sie sollen es ihnen bei ihrer Bürgerpflicht verbieten. Dann fällt ihm aber ein, dass das bei Sturm vielleicht übel wirken könne und er fährt fort: „Do mit aber der Sturmius, so unser schulen sere nutz und ein rhum machet, nit verursacht würde sich hinweg zuthun, mocht man im das also undersagen lossen durch personen die im angenem . . . das er verstunde, das sollichs im zu gut beschehe . . . . Man khonte im dem Sturmen auch woll sagen, dweyl sich der konig zu Frankreich an den turcken hienge, das es im und uns allen, die Christen sein wolten, nit woll anstunde, sich seiner gescheffde zubeladen; ob er auch sagen wolt, er thäte es zu furderung gemeyner fryheit teutscher nation und der waren Religion, ist im zu antwortten, das gott der her dieselb woll erhalten khan durch ander mittel, und nit durch den konig, der also gottloss lebt, und sich an den unglaubigen henkt, auch zu allen disen krigen ursach gibt". Ganz besonders fatal bei der Sache ist ihm noch, dass er „des namens halb by vilen verdacht worden, als ich derselb Sturm were, also das mir der her von Granvella under augen gesagt, key. Mt. hab mich in verdacht gehabt, bis das sy bericht sy worden, das zwen Sturmen in Strassburg seyen". Als Herzog Heinrich von Braunschweig gegen Strassburg überhaupt, speciell aber gegen Jacob Sturm vor dem Kaiser die Anklage erhoben, dass sie mit Frankreich complotirt, versetzte das Sturm in die lebhafteste Indignation (sein Brief an Meister und Rath vom 25. April 1544) und er verantwortete sich später vor dem Kaiser persönlich in einer Weise, welche mir auszuschliessen scheint, dass er je zu Frankreich in irgend ähnlichen Beziehungen gestanden habe wie Johann Sturm (sein Brief an die Dreizehn vom 3. Mai).

Buchdruckerei von G. Otto in Darmstadt.

Kolibri 360 GmbH
Ferdinand-Jühlke-Straße 7
99095 Erfurt, Deutschland
produktsicherheit@kolibri360.de